AF312509

MINISTÈRE DES TRAVAUX PUBLICS.

PORTS MARITIMES

DE LA FRANCE.

NOTICE

SUR

LE PORT DE SAINT-VALERY-EN-CAUX,

PAR M. RENAUD,

INGÉNIEUR DES PONTS ET CHAUSSÉES.

PARIS.

IMPRIMERIE NATIONALE.

M DCCC LXXIV.

PORT DE SAINT-VALERY-EN-CAUX.

MINISTÈRE DES TRAVAUX PUBLICS.

PORTS MARITIMES

DE LA FRANCE.

NOTICE

SUR

LE PORT DE SAINT-VALERY-EN-CAUX,

PAR M. RENAUD,

INGÉNIEUR DES PONTS ET CHAUSSÉES.

PARIS.

IMPRIMERIE NATIONALE.

M DCCC LXXIV.

PORT

DE SAINT-VALERY-EN-CAUX.

CHAPITRE PREMIER.

RENSEIGNEMENTS GÉOGRAPHIQUES ET HYDROGRAPHIQUES.

Le port de Saint-Valery est situé au nord de l'arrondissement d'Yvetot, à peu près à moitié distance entre Dieppe et Fécamp et à 15 milles de chacun de ces ports. Sa longitude est de 1°37′25″ Ouest, et sa latitude de 49°52′25″ Nord.

Il se trouve à l'entrée d'un vallon encaissé entre deux collines. La haute falaise crayeuse qui forme les rivages de cette partie de la Manche court dans la direction de l'E. $\frac{1}{4}$ N. E. sur une longueur de 5 milles, depuis la pointe du Catellier, se dirige vers l'Est à partir de ce vallon, et le traverse par une inflexion brusque qui a permis au port de se créer à l'abri des vents d'Ouest.

Aucune rivière ne coule dans ce vallon, mais des eaux abondantes se rencontrent dans le thalweg, à une profondeur de quelques mètres au-dessous du sol.

Le port de Saint-Valery n'a aujourd'hui que des débouchés peu importants; un chemin de fer d'intérêt local, récemment concédé, doit le relier à la ligne de Paris au Havre.

Le chenal de Saint-Valery est dirigé vers le N. N. O. 7° O.; il est ouvert à travers une faille des roches qui, au pied de la falaise, découvrent à mer basse; mais il est généralement encombré par des pouliers de galet, et la passe au large des jetées est le plus souvent dirigée vers le Nord.

Dans l'état normal, le fond de la passe est un peu au-dessous des plus basses mers, et il y monte une hauteur d'eau de $6^m,5o$ en morte eau et de 9 mètres en vive eau ordinaire. Ce tirant d'eau est parfois réduit sensiblement par les pouliers. Il est d'ailleurs moins élevé dans le chenal d'environ $2^m,3o$.

Le port est à l'abri des vents d'Ouest. Par les vents du N. O. au N. E. la mer y est assez grosse sur les pouliers pour exposer les navires à de dangereux coups de mer.

Au delà du pied des relais de galet, la plage est formée par un banc de roche calcaire qui plonge assez rapidement; la laisse des plus basses mers est à environ 3oo mètres du rivage, et, à 9oo mètres de distance, on rencontre des profondeurs de 1o mètres au-dessous du zéro des cartes marines, sauf vers le N. E., où se trouve un haut-fond nommé *les Ridins;* ce banc, de petite étendue, n'est dangereux qu'à mer basse.

Saint-Valery n'a pas de rade; les bâtiments qui arrivent devant le port dans les marées de quadratures, et que le manque d'eau empêche d'entrer, doivent tenir le large; les navires qui n'ont que quelques heures à attendre trouvent, par les vents de terre, un mouillage d'assez bonne tenue à l'Ouest de l'entrée.

Le régime des vents à Saint-Valery n'a fait l'objet d'aucune ob-servation spéciale; on doit le regarder comme présentant les mêmes caractères généraux qu'à Fécamp; les vents de la région Ouest dominent, notamment ceux du S. O.; dans certaines années, la direction du N. E. donne dans la courbe des vents un maximum relatif très-accusé.

Les vents battant en côte, c'est-à-dire de l'Ouest à l'Est par le Nord, soufflent en moyenne cent soixante-cinq jours par an.

Les courants devant le port de Saint-Valery suivent le mouve-ment général des eaux de la Manche.

La direction principale du flot est sensiblement parallèle à la plage, et sa vitesse s'élève à 3 milles $\frac{1}{2}$ à l'heure, au droit du port, dans les marées moyennes.

Lorsque les pouliers et les roches attenantes au rivage, à l'Ouest du port, commencent à couvrir, le courant de flot forme, dans le coude qui est à l'Est des jetées, un grand remous, et il s'établit un contre-courant qui longe le rivage de ce coude et la jetée Est. Ce contre-courant porte le nom de *resciade;* une partie entre dans le chenal après avoir doublé le musoir de l'Est, tandis que la partie principale du courant traverse obliquement le chenal, longe la jetée de l'Ouest et double le musoir de cette jetée, aussitôt que la vitesse du courant de flot est amortie, c'est-à-dire un quart d'heure environ avant la haute mer. Ce courant est dans toute sa force un peu après le plein; il a une grande importance au point de vue des mouvements des navires, qu'il soustrait à l'influence du flot dès qu'ils sont en dedans du musoir de la jetée Ouest.

Le courant de flot continue à se faire sentir à peu de distance, en dehors des jetées, pendant plus d'une demi-heure après que la mer est haute dans le port; bien que sa vitesse soit alors très-amortie, il est néanmoins très-gênant par les vents d'Ouest pour les navires qui veulent attaquer la passe, lorsque les pouliers l'ont reporté vers le Nord.

Le port n'ayant qu'une capacité très-restreinte, les courants n'acquièrent pas de vitesse sensible dans le chenal, même lorsque les portes des écluses de chasse restent ouvertes.

L'établissement du port est de dix heures quarante-huit minutes.

Les niveaux des marées, rapportés au niveau des plus basses mers connues, sont les suivants :

Basses mers	extraordinaires de vive eau.............	$0^m,00$
	moyennes de vive eau................	$0,50$
	de faible morte eau.................	$3,10$
Hautes mers	de faible morte eau.................	$6,20$
	moyennes de vive eau...............	$8,90$
	extraordinaires de vive eau...........	$9,65$

L'unité de hauteur est $4^{m},12$.

Il n'a pas été dressé de courbes de marée.

Il n'y a pas d'étale; les vents du large retiennent la mer environ un quart d'heure au même niveau; par les vents de terre, la marée reverse presque immédiatement après la haute mer.

Dans la pratique du service les nivellements sont rapportés à un plan de comparaison passant à 10 mètres au-dessus du couronnement de l'écluse de navigation, soit à 21 mètres au-dessus des plus basses mers connues.

Les niveaux des parties principales du port sont les suivants :

INDICATION DES OUVRAGES.	NIVEAUX	
	AU-DESSOUS DU PLAN de comparaison.	AU-DESSUS DES PLUS BASSES MERS connues.
	m.	m.
Jetée Ouest.	8,40	12,60
Claire-voie de l'Ouest.	9,85	11,15
Claire-voie de l'Est.	9,09	11,91
Jetée de l'Est..... partie Nord.	9,09	11,91
partie Sud.	10,50	10,50
Terre-plein de la plage aux abords de la jetée Est.	10,20	10,80
Quais d'amont et d'aval de l'avant-port. Couronnement de la tour d'Artillerie.	11,15	9,85
Couronnement des écluses.	10,00	11,00
Radier de l'écluse de chasse.	16,80	4,20
Radier de l'écluse de navigation.	17,80	3,20
Estacade de la retenue.	11,08	10,92
Fond du chenal... à l'origine, en face la cale de radoub.	19,00	2,00
au milieu, entre les jetées.	20,00	1,00
Fond de l'avant-port, au pied des quais.	17,00	4,00
Fond de la retenue devant l'estacade et les appontements Ouest.	17,80	3,20
devant les appontements Est.	16,80	4,20
Chenal au droit des pouliers (état normal).	21,30	— 0,30

Le port de Saint-Valery se trouve sur le passage du galet que les vents régnants transportent le long des falaises de Normandie jusqu'à l'embouchure de la Somme, et qui pénètre dans le chenal par grandes quantités en longeant la jetée Ouest; les chasses l'en expulsent, et il va former au large, en travers de l'entrée, des pouliers plus ou moins élevés, que la houle, poussée par les vents d'Ouest, fait remonter sur la plage, à l'Est du port.

Les chasses effectuées en vive eau, aidées, quand le temps le permet, par l'emploi de guideaux, permettent d'entretenir le long de la jetée Est une passe d'environ 20 mètres de largeur, et de maintenir le chenal au travers des pouliers dans une direction convenable.

Une certaine quantité de galets, qui échappe à l'action des chasses par suite de la surélévation du fond au pied de la jetée Ouest, entre dans le brise-lames et s'avance parfois jusqu'à l'épi, lorsque les enlèvements pour le lestage et les besoins du pays ne sont pas assez actifs.

La retenue des chasses s'envase avec une assez grande rapidité, tant par les apports de la mer que par les limons qu'entraînent les afflux d'eau dans la vallée, à la suite des grandes pluies ou de la fonte des neiges.

CHAPITRE II.

HISTORIQUE.

Saint-Valery-en-Caux comprenait anciennement deux parties très-distinctes : la partie maritime, connue sous le nom de *port Navarre* ou *Navaille*, était située sur la rive gauche du vallon; la ville proprement dite s'était groupée sur la rive droite, autour d'un prieuré fondé au viie siècle par un moine picard, dont la ville a pris le nom; cette seconde partie, quoique devenue aujourd'hui partie rurale, est toujours désignée sous le nom de *ville*, par opposition à la dénomination de *port*, donnée à la partie urbaine actuelle.

Ces deux groupes principaux d'habitations étaient séparés par un marais profond, dans lequel se jetait une rivière venant de Néville, laquelle fut, dit la tradition, bouchée par saint Valery, pour déraciner les pratiques païennes dont les sources du ruisseau étaient restées l'objet.

Ce ruisseau reparut au xve siècle, pour disparaître de nouveau dans le xvie, exemple qui n'est du reste pas unique dans le pays de Caux.

Le nom de Saint-Valery apparaît d'une manière certaine dans l'histoire en 895. A cette époque, le prieuré fut détruit par les hommes du Nord; il appartenait à l'abbaye de Fécamp, et était désigné sous le nom de *Saint-Valery-ès-Plains*, suivant une appellation commune à diverses localités établies dans les défrichements de l'épaisse forêt qui couvrait anciennement ces parages.

Lors du partage des terres sous Rollon, Saint-Valery et le port Navarre formèrent deux apanages distincts; ils furent rendus en 990, par Guillaume Longue-Épée, à l'abbaye de Fécamp, qui en conserva le patronage jusqu'à la Révolution.

En 1090, Saint-Valery passe aux mains de Guillaume le Roux,

roi d'Angleterre. Il reparaît dans la guerre de Cent ans, où il est pris et repris tour à tour par les Anglais et les Français. En 1472, il tombe aux mains des troupes de la Ligue du bien public, pour être repris peu après par l'armée de Louis XI.

En 1589, Saint-Valery se déclara pour la Ligue, et joua un rôle important dans les dissensions de cette époque; il fut promptement pris et rançonné par les troupes de Henri IV.

Successivement ravagé, dans cette série de périodes de troubles, par les Anglais, les Bourguignons, les calvinistes, les ligueurs et les partisans de Henri IV, Saint-Valery n'était plus, à la fin du xvi⁰ siècle et au commencement du xvii⁰, qu'une assez misérable bourgade, dépeuplée et dépouillée de ses fortifications; son port, privé des eaux de la rivière, et entretenu seulement par les eaux qui entraient et sortaient à chaque marée et par les pluies d'orage ou les fontes des neiges, était obstrué par le galet et envahi par la vase; ce n'était plus qu'une crique.

A ce moment, la population reçut un accroissement notable : les pêcheurs de Veules, chassés par une tempête qui avait en partie englouti leur village, se réfugièrent en grand nombre à Saint-Valery; repoussés par les habitants, ils se logèrent sur le bord de la mer, vers l'Est du port, dans le quartier dit aujourd'hui *de Bohême*.

C'est en 1612 que l'on commença à s'occuper de l'amélioration du port; mais on ne fit que peu de chose jusqu'en 1660, époque à laquelle on dressa un projet d'ensemble, qui fut suivi d'exécution.

Les dispositions de ce projet sont relatées sur un plan sans date, qui, suivant toute vraisemblance, appartient aux dernières années du xvii⁰ siècle. Ce plan montre que les seuls anciens ouvrages du port consistaient dans la tour d'Artillerie, à l'extrémité du rempart situé le long de la plage, et dans une estacade sur le côté Ouest de l'avant-port, aux abords de la rue Saint-Léger.

Les travaux projetés comprenaient :

1° Une écluse de chasse, à 45 mètres environ en aval de l'écluse actuelle;

2° Des estacades autour de l'avant-port ;

3° Une petite tour, en face de la tour d'Artillerie, ne laissant que 8 toises de passage pour les navires ;

4° Une jetée à l'Est du chenal, prenant naissance à la tour d'Artillerie et d'une longueur totale de 140 toises ;

5° Une jetée à l'Ouest, entièrement en ligne droite, de 100 toises de longueur, à peu près parallèle à la première. Cette jetée s'appuyait, à son origine, contre la falaise.

La largeur de l'entrée était de 80 toises ; la disposition relative des deux musoirs était à peu près la même qu'aujourd'hui.

A l'époque à laquelle le plan a été dressé, ce programme avait reçu un commencement d'exécution dans ses parties essentielles : l'écluse était construite, ainsi que les sections des jetées Est et Ouest correspondant à la partie la plus élevée du relais de galet.

Tous ces ouvrages, sauf l'écluse, étaient en charpente ; ils correspondaient à des conditions de tirant d'eau très-faible. Exposés au choc des vagues et aux affouillements des chasses, ils n'eurent qu'une durée assez courte pour que, dans la dernière partie du xviii° siècle, nous les trouvions complétement refaits dans d'autres conditions.

L'avant-port avait été garni de murs de quai en maçonnerie ; la jetée Est avait été refaite, partie en maçonnerie et partie en charpente, et son origine reportée davantage vers l'Est, laissant au Nord de la tour d'Artillerie une petite crique pour le radoubage des navires ; la jetée Ouest, également reconstruite, avait été rapprochée notablement de la jetée Est. Les dispositions générales de l'entrée avaient été sensiblement changées, la jetée Ouest ayant reçu une longueur relative plus considérable. La dernière phase de ces travaux a consisté dans une surélévation de l'extrémité de cette jetée, terminée vers 1780.

Ces travaux avaient été fructueux pour la prospérité de Saint-Valery : dans le courant du xviii° siècle, la population était venue se grouper aux abords du port ; outre la pêche, elle se livrait à la fabrication de la soude, à la filature des textiles et à la fabrication du drap. A la fin du xviiie siècle, le nombre des habitants était d'environ 5,000 âmes. Le port armait environ trente bateaux pour la pêche du hareng, quelques terre-neuviers et caboteurs.

L'importance croissante de Saint-Valery et le mauvais état des écluses exigèrent, à ces époques, de nouvelles améliorations.

Au commencement de 1785, une commission, présidée par M. de la Millière, intendant des ponts et chaussées, et dont étaient membres : MM. Perronnet, premier ingénieur du corps; de Chézy, directeur de l'école; Lamandé, ingénieur en chef du département; de Borda, capitaine de vaisseau, et le commandant de la province, examina des projets présentés pour l'amélioration du port, et arrêta un programme comprenant :

1° La reconstruction de l'écluse en arrière de sa position primitive, avec des murs de quai à la suite, du côté de l'avant-port; cette écluse devait servir au passage de la route nationale n° 25, alors en construction dans la traverse de Saint-Valery;

2° Le creusement de la retenue;

3° La création d'un bassin de désarmement dans un petit bras séparé de la retenue par cette route, à l'emplacement occupé aujourd'hui par la place de l'Hôtel-de-Ville;

4° La création d'une rue entre ce bassin et l'avant-port.

Les travaux furent commencés aussitôt par la construction de l'écluse, qui était terminée en 1787, mais qui ne fut en parfait état de fonctionnement qu'en 1789.

On exécuta, dans les années qui suivirent, les quais faisant suite à l'écluse de chasse et le creusement de la retenue.

La rue projetée ne fut exécutée que beaucoup plus tard; quant au bassin de désarmement, après avoir été l'objet d'une vive opposition, il fut différé et finalement abandonné.

En 1791, une estacade fut construite pour assurer les communications sous la falaise avec la jetée Ouest.

Les guerres de la Révolution et de l'Empire furent très-funestes à Saint-Valery, en arrêtant tout mouvement maritime. La ville fut canonnée par les Anglais en 1804, comme elle l'avait déjà été sous Louis XIV.

A partir de 1794 jusqu'en 1833, les travaux de réparation ou de reconstruction des ouvrages en mauvais état et la défense de la plage attirèrent presque seuls l'attention de l'administration.

Nous n'avons à faire d'exception que pour deux travaux peu importants : le petit épi construit en 1829, à l'origine de la claire-voie de l'Ouest, et une estacade à la cale de radoub.

En 1833, on se préoccupa de nouveau de la création d'un bassin, et un avant-projet fut présenté, comprenant :

1° La construction d'une écluse de navigation destinée à donner un accès aux navires dans la retenue;

2° L'établissement d'une estacade de 100 mètres de longueur en amont de l'écluse;

3° Le creusement d'une souille pour les navires, au droit de l'estacade.

Cet avant-projet ne reçut un commencement d'exécution qu'en 1836, et les ouvrages ne furent terminés qu'en 1844.

Deux années plus tard, la loi du 3 juillet 1846 donna une puissante impulsion aux travaux d'amélioration; le programme adopté comprenait :

1° Le prolongement en maçonnerie, sur 50 mètres de long, de la jetée Ouest;

2° La construction d'un perré en arrière de la claire-voie du même côté du chenal;

3° Le prolongement en claire-voie sur 130 mètres de long de la jetée Est;

4° L'établissement, derrière cette claire-voie, d'une contre-jetée en charpente, pour former la chambre d'un vaste brise-lames;

5° Le creusement partiel du chenal et de l'avant-port;

6° La construction d'un gril de carénage;

7° Le prolongement, sur une longueur de 100 mètres, de l'es-

tacade de la retenue, et le creusement d'une souille pour les besoins de la navigation.

La poursuite de ce programme a demandé un grand nombre
d'années, et il a subi, en cours d'exécution, des modifications importantes, par suite de la manifestation de nouveaux besoins ur-
gents.

La jetée Ouest a été prolongée sur une longueur de 35 mètres,
et l'on a renoncé à tout allongement ultérieur.

Le perré destiné à recouvrir la chambre du brise-lames Ouest,
fait vers 1850, a été refait à nouveau vers 1862; les travaux ont
compris à cette époque la reconstruction de la claire-voie.

La claire-voie en prolongement de la jetée Est a été exécutée,
mais les travaux de la contre-jetée, à peine commencés, ont été
arrêtés en 1850, et il n'en existe guère aujourd'hui que les pieux
de fondation.

Le chenal a été creusé, ainsi que l'avant-port.

Des travaux d'approfondissement, encore en cours d'exécution,
ont été faits dans la retenue; au lieu de prolonger l'estacade, on a
établi des appontements sur les rives Est et Ouest.

Des réparations importantes à l'écluse de chasse et aux quais de
l'avant-port, ainsi que l'établissement de divers ouvrages de défense sur la plage, complètent l'ensemble des travaux exécutés en
vertu de cette loi.

L'exécution de ces travaux a complété l'organisation actuelle du
port, dont le chapitre suivant donne la description détaillée.

Nous n'avons à relater, dans le courant du siècle, aucun événe-
ment notable à Saint-Valery; sa population et son commerce sont
depuis longtemps stationnaires, et il ne pourra sortir de cette situation que quand les nouveaux moyens de communication qu'il at-
tend lui auront été procurés.

Saint-Valery est un chef-lieu de canton et le siége d'un tribunal
de commerce; sa population est de 4,222 âmes.

CHAPITRE III.

DESCRIPTION DU PORT.

Les abords du port ne nécessitent aucun système de balisage pour diriger les navires, de jour.

L'entrée est indiquée, de nuit, par un feu fixe allumé sur l'extrémité de la claire-voie Est, et par un feu de marée, également fixe, sur le musoir de la jetée Ouest.

Cette dernière jetée porte un mât servant aux signaux de marée pendant le jour.

La marche des pouliers en travers de l'entrée a été relatée plus haut.

Le chenal intérieur, compris entre le port d'échouage et la mer, est limité par deux jetées de longueurs inégales. La distance des deux musoirs est de 92 mètres; leur tangente commune fait un angle de 73 degrés avec le Nord, tandis que la direction du chenal à l'entrée est N. N. O. 7° O.

La jetée Est se compose de deux parties distinctes. L'une, à claire-voie, de 130 mètres de long, donne à l'entrée une forme évasée; son origine n'est qu'à 37 mètres de distance de la jetée Ouest, tandis que son extrémité en est à 60 mètres.

La partie en maçonnerie, de 220 mètres de longueur, a une forme générale concave. Elle date du siècle dernier. Vers son extrémité Nord, elle présente, du côté du large, un éperon en maçonnerie, lequel paraît avoir été construit pour empêcher les lames guidées par la jetée de corroder le terre-plein formé par les pouliers, et qui s'étendait anciennement jusqu'à ce point.

La partie de jetée située au sud de cet éperon était défendue anciennement, du côté du large, par un masque coffré, qui en augmentait la largeur et qui ne devait être autre chose que le reste

d'une digue de garantie, établie pour défendre les maçonneries en
cours d'exécution contre l'envahissement du galet ou les lames du
large.

Cette partie en charpente a été longtemps préservée par l'accu-
mulation du galet; les corrosions de la plage l'ayant mise à nu,
elle a disparu successivement, sans avoir été l'objet de réparations
importantes.

La partie en maçonnerie est fondée sur la marne; elle a constamment souffert des affouillements produits par les chasses, et la
mauvaise qualité de ses parements, exécutés en pierres de grès, qui
n'adhèrent que médiocrement au mortier, l'a exposée à de fré-
quentes avaries.

Les restaurations partielles des parements et le rempiétement
des fondations ont été nécessaires à diverses reprises depuis la fin
du siècle dernier.

La partie en claire-voie a été exécutée de 1847 à 1850. Ce prolongement était nécessaire, par suite de la trop grande différence
de longueur des deux jetées, qui ne permettait pas l'appareillage
par les vents de N. E., qui soufflent fréquemment avec persistance.
La forme évasée donnée à l'entrée du chenal avait exigé que l'ouvrage fût à claire-voie, pour ne pas augmenter le ressac dans
l'avant-port; déjà, en l'état actuel, le calme est loin d'y être suffi-
sant. On devait, en conséquence, compléter les travaux par la construction d'une contre-jetée pleine allant rejoindre la plage à l'Est de
l'entrée, de manière à former la chambre d'un vaste brise-lames.
Les travaux de construction de la contre-jetée, suspendus en 1850,
n'ont pas été repris.

La claire-voie a été déjà l'objet de grosses réparations, à deux
reprises différentes, par suite de la corrosion de la partie inférieure
des charpentes par la pelouse.

Les fermes de cet ouvrage sont espacées de 3 mètres d'axe en
axe et reposent chacune sur trois pieux.

Elles se composent de deux poteaux : l'un vers le chenal, formé de deux pièces greffées, et incliné avec un fruit de $\frac{1}{4}$; l'autre, par derrière, vertical et s'élevant au tillac.

Ces deux poteaux sont reliés par trois paires de moises; des contre-fiches correspondant aux points de fixation des moises assurent la stabilité des charpentes, avec six cours de longerons reliant les fermes les unes aux autres.

Les poteaux de remplage sont au nombre de deux entre chaque ferme.

Les charpentes ont été exécutées en sapin, à l'exclusion des moises inférieures et des pieux, qui sont en hêtre, et de la partie inférieure des poteaux du large, qui est en chêne.

Les moises du bas et la tête des pieux étaient primitivement enveloppées par un coffrage, rempli d'abord de galet, puis bourré de terre glaise. Dans la dernière réparation, faite en 1866, on a remplacé ce coffrage par un massif en maçonnerie de ciment de Portland.

Un feu de port est établi à l'extrémité de la claire-voie.

La jetée de l'Ouest est de maçonnerie sur une longueur de 210 mètres, et en claire-voie sur 130 mètres. Elle présentait anciennement, du côté du large, une partie en charpente analogue à celle qui se trouvait à l'Est.

La partie en maçonnerie a été exécutée dans le courant du siècle dernier; elle a été l'objet de grosses réparations peu d'années après son achèvement : on a dû l'exhausser d'abord sur quelques mètres, puis sur la presque totalité de sa longueur.

Dans l'état ancien des choses, elle devait être inabordable par les grosses mers, comme l'est encore aujourd'hui la partie Sud de la jetée Est.

On a également refait à diverses époques, et dès 1800, des parties considérables du parement.

Aux termes de la loi du 3 juillet 1846, on devait allonger cette jetée de 50 mètres. Un premier prolongement, d'environ 30 mètres, a été fait de 1847 à 1850, à titre d'essai. Ce prolon-

gement n'ayant procuré aucun effet utile, on a renoncé à tout prolongement ultérieur, et un musoir définitif a été établi en 1870.

Les maçonneries faites de 1847 à 1850 consistent dans un massif, partie en béton, partie en moellon, au mortier de chaux du
Calvados et de pouzzolane, partagé en diverses cases par des re-
fends et des assises horizontales posées au mortier de ciment éner-
gique.

Les parements, posés avec ce dernier mortier, ont été exécutés
en pierre de Ranville du côté du chenal, et en granit du côté du
large, qui est particulièrement exposé à l'usure par le frottement du
galet.

L'ouvrage, fondé sur la marne, a une hauteur de 10^m,80 et une
épaisseur moyenne de 7^m,30. Il est revenu à environ 5,000 francs
par mètre courant. Le pont de service qui a servi à sa construction entre dans ce chiffre pour 400 francs.

Les maçonneries du musoir consistent dans un massif en moellon, parementé en granit à la base jusqu'à mi-hauteur, et en pierre
de Ranville dans la moitié supérieure. Les mortiers ont été faits au
ciment de Portland.

Il est de forme circulaire; son diamètre est de 10 mètres à la
base, et de 7^m,20 au couronnement. Il a reçu un cabestan du
système David, et le feu de marée vient d'y être transporté.

La construction de ce musoir a entraîné une dépense, en nombre
rond, de 40,000 francs, y compris divers travaux accessoires.

La claire-voie a été établie en 1791, dans le prolongement de la
jetée; elle communiquait, à cette époque, avec le pied de la falaise,
à son extrémité Sud, par une passerelle, qui a été remplacée depuis
par un terre-plein soutenu par une estacade.

Toujours en grande partie enfouie dans le galet, elle a existé
jusqu'en 1860 sans autre grosse réparation qu'une reconfection du
tablier.

De 1847 à 1850, en vue de l'arrêt que le prolongement de la
jetée allait produire dans l'entrée du galet, on a établi, en arrière

de cette claire-voie, un perré maçonné, incliné environ au quart,
destiné à former un brise-lames. Ce perré, gravement avarié, a
été reconstruit, ainsi que l'estacade, de 1860 à 1864.

Dans cette reconstruction, l'extrémité Sud de l'estacade a été
avancée vers le chenal jusqu'à quelques mètres de l'extrémité d'un
épi en charpente construit en ce point en 1829, de manière à
agrandir la chambre du brise-lames, l'inclinaison première des
perrés ayant été reconnue insuffisante. Cette chambre a été en
même temps approfondie du côté de la falaise, et l'estacade bordée
sur les 25 derniers mètres pour faciliter les raccords.

On a conservé dans les nouvelles charpentes les dispositions de
l'ancienne claire-voie. Les fermes, espacées de 3 mètres d'axe en
axe, se composent de deux montants verticaux reliés par trois paires
de moises et appuyés par des contre-fiches. Elles ne reposent pas
sur pieux. Leur pied est englobé dans un massif de maçonnerie
noyé dans la marne.

La nouvelle estacade, exécutée en chêne simplement équarri,
est revenue à 730 francs environ le mètre courant.

Le prolongement de la jetée Ouest n'a eu aucun résultat important pour le port.

La saillie primitive de l'ouvrage sur la côte était suffisante au
point de vue des mouvements de la navigation; et le galet, après
avoir été arrêté seulement cinq à six années, jusqu'à ce que la
plage ait pris son nouvel équilibre, entre aujourd'hui dans le port
en aussi grande abondance que par le passé; le seul avantage consiste en ce qu'il peut s'emmagasiner en plus grande quantité avant
de tomber dans le chenal suivi par les navires.

Le brise-lames Ouest n'a qu'un effet incomplet; l'élévation du
fond du chenal au pied de la jetée Ouest permet au galet de che-
miner en quantités assez importantes avant d'être atteint par les
chasses; il en résulte que, les enlèvements pour le service du lestage et les besoins du pays n'étant pas suffisamment actifs, le brise-
lames est constamment encombré par le galet, et ce n'est guère que

lorsqu'il rentre dans le chenal pour doubler l'épi que les chasses peuvent efficacement l'atteindre pour le rejeter au large.

Le prolongement de la jetée Est a été une amélioration importante, en facilitant l'appareillage et en donnant aux chasses plus d'efficacité pour combattre les pouliers. La partie creuse du chenal se trouve partout le long de cette jetée.

L'achèvement du brise-lames projeté en ce point eût assuré le calme dans l'avant-port; aujourd'hui, malgré le brise-lames Ouest et l'épi situé au sud de la cale de radoub et désigné sous le nom de *tour d'Artillerie*, il est parfois impossible de manœuvrer les portes des écluses sans risquer de leur causer de graves avaries, et les navires sont peu en sûreté dans l'avant-port.

Les travaux faits avant 1847 comprennent :

1° La construction de la jetée Ouest, ainsi que les divers surhaussements ou réparations dont elle a été l'objet;

2° La construction de la claire-voie Ouest en 1791 et la reconfection de son tillac en 1835 ;

3° La construction de l'épi à l'origine de cette estacade en 1829 ;

4° La construction de la partie en maçonnerie de la jetée Est et les divers rempiétements ou réparations dont elle a été l'objet.

Les projets poursuivis en vertu de la loi du 3 juillet 1846 ont été approuvés par les décisions suivantes :

4 novembre 1846. — Construction de la claire-voie et de la contre-jetée de l'Est. (Une décision du 3 juillet 1850 a prescrit de liquider l'entreprise sans achever la contre-jetée.)

26 avril 1847. — Prolongement de la jetée Ouest et construction d'un brise-lames en arrière de la claire-voie Ouest.

27 octobre 1854 et 18 mai 1864. — Grosses réparations à la claire-voie de l'Est.

31 mars 1860. — Reconstruction de l'estacade et du brise-lames Ouest.

6 avril 1865. — Réparation du parement intérieur de la jetée de l'Est.

22 mai 1869. — Construction d'un musoir à l'extrémité de la jetée Ouest.

3 février 1872. — Translation du feu de marée sur ce musoir.

Les travaux exécutés en dehors de cette loi sur les fonds de grosses réparations ont été autorisés par les autres décisions ci-dessous :

Mars 1853, 28 juin 1856 et 1863. — Réparations aux parements intérieurs et extérieurs et aux dallages de la jetée de l'Est.

9 septembre 1851. — Reconstruction d'une partie du parement de la jetée Ouest.

29 avril 1869. — Réparations d'avaries à la claire-voie de l'Est et aux jetées.

Les dépenses faites pour la construction de ces ouvrages et les restaurations dont ils ont été l'objet, à diverses reprises, peuvent être évaluées approximativement à 2,212,000 francs.

En voici le détail :

INDICATION DES TRAVAUX.	CÔTÉ OUEST.	CÔTÉ EST.
Travaux antérieurs à 1823, évalués.	800,000^f 00^c	500,000^f 00^c
Réparation de l'élargissement en charpente de la jetée de l'Est.	"	2,300 00
Réparations d'avaries en 1826.	10,000 00	15,000 00
Réparations d'avaries en 1829.	"	3,727 85
Construction de l'épi, à l'origine de la claire-voie Ouest.	18,823 10	"
Reconstruction du tillac de la claire-voie Ouest.	12,000 00	"
Prolongement de la jetée de l'Est.	"	264,247 84
Prolongement de la jetée de l'Ouest, et construction du perré du brise-lames.	207,892 80	"
Grosses réparations à la jetée de l'Ouest.	18,300 00	"
Réparations de la claire-voie de l'Est.	"	15,000 00
Réparation du parement intérieur de la jetée de l'Est.	"	19,000 00
Réparation du parement extérieur de la jetée de l'Est.	"	16,000 00
Reconstruction de la claire-voie et du brise-lames à l'Ouest du chenal.	179,025 36	"
Réparation des dallages et du parement de la jetée de l'Est.	"	6,000 00
Rempiétement de la claire-voie de l'Est.	"	55,008 87
Réparation du parement intérieur de la jetée de l'Est.	"	23,000 00
Élargissement du chemin d'accès de la plage Ouest.	344 67	"
Réparations d'avaries en 1869.	1,000 00	4,500 00
Construction d'un musoir à l'extrémité de la jetée Ouest.	40,725 09	"
TOTAUX.	1,288,111 02	923,784 56
TOTAL GÉNÉRAL au 31 décembre 1872.	2,211,895^f 58^c	

Il y avait anciennement, à l'Est de l'entrée, d'énormes pouliers dominant les hautes mers et s'avançant presque jusqu'à la hauteur du musoir de la jetée de l'Est. A la suite de la construction des jetées, ces pouliers, n'étant plus suffisamment nourris par le galet, dont le régime se trouvait profondément modifié, furent attaqués par la mer avec une telle rapidité que, en 1809, la mer menaçait de tourner l'enracinement de la jetée et de pénétrer dans le port par la cale de radoub, après avoir enlevé une batterie située en ce point.

On construisit d'urgence une estacade de forme convexe, avec un épi de 18 mètres à sa partie saillante. Il ne reste aujourd'hui que les pieux de l'estacade, mais l'épi a été allongé et toujours entretenu avec soin.

Les pouliers avaient commencé à se reformer le long de la jetée Est lorsque le prolongement des jetées, exécuté de 1847 à 1850, est venu de nouveau modifier la marche du galet. La mer, menaçant d'enlever les chantiers de l'administration, insuffisamment protégés par une estacade très-légère, et de tourner l'enracinement de la jetée, trois épis et quelques parties d'estacade furent établis successivement de 1868 à 1871, et l'épi de la batterie enlevé par la mer fut reconstruit.

La longueur de ces épis varie de 21 à 42 mètres; les épis intermédiaires s'appuient à l'estacade des chantiers; des masques transversaux ont été établis à la tête des épis extrêmes pour les empêcher d'être tournés par la mer.

Ces épis sont construits sur le type suivant :

Ils sont formés d'une file de pieux espacés de mètre en mètre, bordés sur les deux faces, reliés en tête par un cours de moises et soutenus par des contre-fiches moisées, s'appuyant sur de petits pieux alternativement vers l'amont et vers l'aval.

Les pieux sont en hêtre; les charpentes et le bordé, en sapin.

Les pieux n'ont pas été recepés après le battage; ils dépassent les moises de 0^m,50. Cette circonstance a permis de relever le bordé de l'épi situé en face de la rue du Chéval-Blanc, tout en l'allongeant, l'expérience ayant montré qu'il était trop rentré dans les terres. La dépense a été de 160 francs environ par mètre courant d'épi.

Les masques et parties d'estacade construites en même temps que les épis présentent deux types différents, suivant qu'ils sont plus ou moins exposés aux efforts de la mer.

Le premier système se compose simplement de pieux reliés par un bordé et moisés en tête; dans le second système, chacune des fermes, espacées de $1^m,20$, repose sur trois pieux; elles se composent d'un montant ayant un fruit d'un tiers, appuyé en arrière par une première contre-fiche et en avant par une contre-fiche plus basse, inclinée environ au demi, et que le bordé recouvre de manière à former risberme; les petits pieux de devant, soutenant cette dernière contre-fiche, ont été bordés sur $1^m,50$ de hauteur, de manière à former parafouille.

Ce profil a donné d'excellents résultats contre les affouillements. Pour une hauteur totale d'estacade de 7 mètres, la dépense a été de 200 francs environ par mètre courant.

La longueur totale de ces épis est de 136 mètres. La longueur de plage qu'ils défendent est de 160 mètres; malgré la forme convexe du terrain, et grâce aux masques transversaux, la protection est des plus efficaces.

La dépense s'est élevée à 150 francs par mètre courant de plage défendue.

Les corrosions se sont produites également dans le restant de la plage; un épi, connu sous le nom d'*épi de Bohême*, fut, en conséquence, construit sous la falaise au commencement du siècle; des travaux ultérieurs, faits à diverses reprises avec le concours de la ville, ont porté sa longueur à 106 mètres. Cet épi est formé d'une charpente coffrée, de forme prismatique à section triangulaire, qui atteint, dans sa partie élevée, 8 mètres de hauteur et une base égale.

Il soutient le terre-plein sur lequel se trouvent les chantiers de construction et l'établissement des bains; la terrasse de cet établissement a été, en outre, défendue par une estacade légère et deux petits épis de peu de longueur, construits en vue de l'amaigrissement de la plage à la suite de vents de N. E. persistants.

Dans sa partie haute horizontale, l'épi est revenu à 1,500 francs le mètre courant; son prix de revient moyen pour la partie récemment éxécutée a été de 800 francs.

Les premiers travaux aux abords de la jetée Est furent faits en 1809 et 1810; l'épi de Bohême fut commencé en 1811. Il a été prolongé en vertu des décisions du 22 décembre 1829 et du 23 avril 1858.

Les nouveaux épis, dans le voisinage de la jetée Est, ont été faits en vertu des décisions du 5 novembre 1868, du 13 mars 1869 et du 1er août 1871.

Une décision du 29 mai 1866 a alloué une subvention à la ville de Saint-Valery pour l'amélioration de la rue longeant la plage.

Les travaux de construction et de prolongement des épis faits depuis douze ans ont été imputés sur la loi du 3 juillet 1846.

Les dépenses correspondantes à ces divers travaux peuvent s'évaluer à la somme de 199,500 francs, dont voici le détail :

INDICATION DES TRAVAUX.	ENRACINEMENT DE LA JETÉE et chantiers de l'administration.	ÉPI DE BOHÊME.	RUE DE LA PLAGE.
Estacade et épi devant la batterie.	40,000f 00c	"	"
Épi de Bohême { partie ancienne.	"	65,000f 00c	"
Épi de Bohême { premier prolongement.	"	14,692 23	"
Épi de Bohême { deuxième prolongement.	"	48,000 00	"
Réparation de la partie ancienne.	"	5,000 00	"
Subvention à la ville pour l'amélioration de la rue de la plage.	"	"	3,000f 00c
Épi devant les chantiers et reconstruction de l'épi de la batterie.	24,000 00	"	"
TOTAUX.	64,000 00	132,692 23	3,000 00
TOTAL général au 31 décembre 1872.		199,692f 23c	

Les anciennes estacades, dont la construction faisait partie du programme arrêté en 1660, n'avaient que 3 mètres de hauteur; lorsque des quais en maçonnerie furent construits, le port avait été approfondi par le jeu des écluses de chasse.

Les murs reçurent alors une hauteur variant de 5 à 6 mètres; leurs fondations furent établies sur un grillage et défendues par des pieux jointifs. Leur parement et leur couronnement étaient en grès. A la suite de la construction de la nouvelle écluse de chasse, on fit, des deux côtés, des estacades provisoires; elles furent enlevées par les chasses au bout de quelques années. On garnit alors de quais en maçonnerie le fond de l'avant-port, à l'Ouest de l'écluse, en l'agrandissant aux dépens des habitations. Ces travaux furent exécutés de 1792 à 1796; ils comprirent une longueur de $54^m,55$. Ces nouveaux ouvrages furent établis dans le même système que ceux qui existaient déjà; ils avaient seulement plus de hauteur; et le grès fut remplacé en parement par la pierre de Ranville.

Les parties qui en subsistent ont été fondées sur plate-forme à la cote $18^m,40$ de l'échelle du port, et défendues en avant par une ligne de pieux jointifs. Ce travail, d'après les pièces des archives, a coûté, à très-peu de chose près, 4,000 francs le mètre courant; l'élévation de ce chiffre tient, pour une grande partie, aux indemnités allouées à l'entrepreneur, à raison des circonstances et de la dépréciation des assignats.

La partie de ce quai, courant Est-Ouest, contiguë à l'écluse de chasse, et démolie depuis en partie pour la construction de l'écluse de navigation, a été refaite de 1821 à 1823, moyennant une dépense de 1,840 francs par mètre courant. La partie en retour, formant l'origine du quai d'aval, sur une longueur de 29 mètres, a été, en 1868 et 1869, l'objet d'une restauration importante. Le mur, complétement en ruine et affouillé par les chasses, par suite de la disparition partielle des lignes jointives, avait subi des déformations considérables; après l'avoir étançonné, on l'a rempiété et on a refait un parement nouveau; le rempiétement a été descendu,

aux abords de l'écluse, à la cote 21 mètres de l'échelle du port (les
fondations du mur étant à la cote $18^m,40$) et, dans la partie Nord,
à la cote $20^m,50$. Il consiste dans un massif de moellon fondé sur
béton et parementé en briques; son épaisseur normale est de 2 mètres. Elle s'est trouvée augmentée sensiblement aux abords de
l'écluse, le parement ayant été avancé vers cette extrémité, pour
faire disparaître le ventre prononcé que présentait le mur en son
milieu : on a ainsi obtenu une surépaisseur très-utile à la stabilité.
Par mesure de précaution, la partie centrale est appuyée sur des
pieux et retenue par trois tirants. Toutes les maçonneries ont été
exécutées au mortier de ciment de Portland.

L'ancien mur était fondé sur l'argile; le rempiétement repose sur
une couche de gravier très-compacte.

Le fruit du rempiétement est d'un quart, c'est-à-dire sensiblement supérieur à celui du mur.

Il a été sursis aux battages de lignes jointives; le besoin ne s'en
est pas fait sentir depuis.

Ces travaux ont exigé des épuisements importants.

Les 26 mètres d'anciens quais à la suite, jusqu'à l'angle le plus
voisin, ont également été affouillés par les chasses, après avoir
perdu leurs lignes jointives, mais sans que leur équilibre eût été
compromis, les maçonneries en étant assez saines.

Leur fondation, assise à la cote $17^m,50$, a été descendue à la
cote $20^m,20$, sur la marne; ce rempiétement a $1^m,50$ d'épaisseur
et consiste, comme le précédent, en un massif de moellon fondé
sur béton et parementé en briques.

Ces travaux ont fait partie de la même entreprise que les pré-
cédents; la dépense s'est élevée, en moyenne, pour l'ensemble, à
la somme de 800 francs par mètre courant. Pour la partie Sud, sur
29 mètres de longueur, la dépense peut être regardée comme ayant
excédé ce chiffre moyen de moitié.

Plus au Nord, l'angle saillant que forme le quai au pied de la
rampe du Château-Trompette a dû être reconstruit en 1852 et

1853 sur 15 mètres de long, et être repris en sous-œuvre sur 15 mètres à la suite.

Le nouveau mur a été assis directement sur la marne à la cote 17^m,35; on a conservé quelques parties des anciennes maçonneries; il a coûté 800 francs le mètre courant.

Les affouillements qui se produisent en ce point avec une grande énergie ont conduit à descendre sous la fondation un masque en brique devant la marne, au fur et à mesure qu'elle se corrodait. Ces travaux n'ayant pu dépasser le niveau des eaux dans l'avant-port à basse mer, on a constaté tout récemment un affouillement considérable, qui a failli entraîner la chute du mur; on a commencé d'urgence des travaux de rempiétement, qui touchent aujourd'hui à leur fin.

On a appuyé le musoir du mur sur un massif en maçonnerie de 10 mètres de longueur, devant être défendu par une ligne de palplanches jointives, devant laquelle il sera possible de jeter quelques enrochements en gros silex sans gêner la navigation.

Les parties latérales sont rempiétées sur des hauteurs variables, et décroissant très-rapidement suivant le relief de l'affouillement, qui présente la forme d'un entonnoir.

Les massifs de rempiétement sont en béton, parementés en briques; les mortiers sont confectionnés avec du ciment de Portland.

Les fondations du rempiétement sont assises sous le musoir à la cote 20^m,60. Elles remontent en amont et en aval jusqu'à la cote 18^m,10, embrassant ainsi une longueur totale de 25 mètres.

L'épaisseur du rempiétement varie de 1^m,80 à 1 mètre, sa hauteur variant de 3^m,30 à 1 mètre.

Le fruit du rempiétement est supérieur à celui du mur et égal à $\frac{1}{4}$.

Le petit pan coupé, prenant naissance en face de la tour d'Artillerie, a subi, en 1863, de graves avaries; son parement a dû être refait, ainsi qu'une partie des maçonneries du massif.

La partie de quai située au delà de ce point et au Sud de l'épi, sur une longueur de 45^m,60, a été construite de 1831 à 1833, en remplacement d'une estacade en ruine. Ce point étant encombré par l'extrémité des pouliers de galet, le mur n'avait qu'une très-faible hauteur, et a coûté 300 francs par mètre courant.

Le quai Est a été également, depuis le commencement du siècle, l'objet de travaux importants.

Après la construction de la nouvelle écluse de chasse, à la fin du siècle dernier, on se borna à relier l'extrémité Sud du quai au mur en aile de l'écluse par une estacade provisoire, l'entrée du bassin de désarmement qu'on projetait alors devant être située en ce point.

Cette estacade disparut, sous l'action des chasses, au bout de quelques années, et fut remplacée par des clayonnages et une passerelle.

En 1806, la chute des maçonneries de l'extrémité de l'ancien mur obligea à construire le musoir Nord de l'entrée du bassin projeté, sur une longueur de 30 mètres. En conséquence du voisinage de l'écluse, ce musoir fut fondé à la cote 21 mètres de l'échelle du port. La hauteur totale du mur est de 9^m,80, et son épaisseur moyenne, de 3^m,65 ; sa fondation consiste dans une couche de béton en mortier de chaux et de limaille de fer, de 3 mètres d'épaisseur, couronnée par une assise de libage, maintenue par derrière par des palplanches, et par devant par des pieux jointifs. Le mur a été parementé en pierres de Ranville et couronné d'un dallage en grès.

La dépense a dépassé 3,000 francs par mètre courant, non compris l'indemnité pour le rescindement d'une maison.

En 1851, ce mur courbe menaçait ruine, par suite de la disparition des lignes jointives et d'une partie des bétons de fondation enlevées par les chasses. On remplit le dessous en béton, et on battit une nouvelle ligne jointive, en avant de laquelle on jeta des enrochements, que devaient maintenir les pieux d'établissement des sonnettes, recepés en conséquence.

Les bétons furent faits au mortier de chaux de la Hève et de pouzzolane. La réparation, étendue en tout à 15^m,60 de long, revint à 1,200 francs le mètre courant.

Une réparation semblable est devenue de nouveau nécessaire, en 1866, sous le musoir même du mur; on battit une ligne de palplanches, derrière laquelle on coula du béton de ciment de Portland.

On ferma en même temps, d'une manière définitive, l'entrée qui avait été ménagée pour le bassin de désarmement anciennement projeté sur la place de l'Hôtel-de-Ville, en reliant le musoir au mur en aile de l'écluse de chasse par un mur de quai en maçonnerie. Ce mur est fondé au plus bas vers la cote 22 mètres, sur un massif de béton de 5^m,50 de hauteur, protégé en avant par une ligne de palplanches jointives.

Cette entrée avait déjà été fermée en 1823 par une estacade; l'ouvrage, en retraite sur l'alignement général des quais, avait une longueur de 8^m,75 et une hauteur de 6 mètres; il avait coûté 640 francs par mètre courant, y compris une ligne de pieux jointifs et quelques dépenses accessoires.

Les parties de quai suivantes n'ont été, depuis leur construction première, l'objet d'aucun travail important, sauf celles qui sont situées aux abords de la tour d'Artillerie.

Une longueur de 46 mètres a été reconstruite de 1827 à 1831.

Le nouveau mur est fondé à la cote 18^m,15; son pied est défendu par une ligne de pieux jointifs; sa hauteur est de 7 mètres, et son épaisseur moyenne, de 2^m,75. Il a coûté, par mètre courant, environ 1,740 francs, non compris les indemnités pour rescindement de diverses maisons.

L'alignement ayant été changé, un masque en charpente a dû être exécuté, pour former raccord, sur une longueur de 20^m,60.

Il a été remplacé en 1866 par de la maçonnerie; cette maçonnerie, faite avec des mortiers de ciment de Portland, a été assise directement sur le sol, sans lignes jointives.

La tour d'Artillerie, qui limite de ce côté l'avant-port, servait anciennement d'appui à une enceinte établie le long de la plage; c'est un des ouvrages les plus anciens du port.

La face Nord a été modifiée lorsqu'on a reconstruit, vers 1833, les estacades de la cale de radoub.

Cet ouvrage a subi en outre, en 1863, une grosse réparation : une partie du parement a été refaite, et les fondations reprises en sous-œuvre.

Nous compléterons ces détails sur l'avant-port, en indiquant que la rue Neuve, destinée à établir une communication avec le bassin de désarmement projeté sur la place de l'Hôtel-de-Ville, a été définitivement ouverte en 1823, et que des rempiétements d'une importance secondaire ont été exécutés lorsqu'on a creusé l'avant-port en 1858.

Les quais sont très-étroits; les largeurs fixées par les plans d'alignement varient de 11 mètres à 13 mètres à l'Ouest, et de 10 à 12 mètres à l'Est.

En résumé, la tour d'Artillerie existait déjà dans le courant du xviie siècle; l'ensemble des anciens quais en maçonnerie à l'Est et à l'Ouest de l'avant-port a dû être construit dans le courant du xviiie. Les travaux faits depuis la présentation de l'avant-projet arrêté en 1785 ont été poursuivis à partir de 1792, en vertu des décisions suivantes :

1791. — Construction de $54^m,55$ de quai au fond de l'avant-port, à l'Ouest de l'écluse de chasse.

1798 et 1805. — Passerelle et défenses provisoires devant l'entrée du bassin de désarmement.

1806. — Construction de 30 mètres de quai formant le musoir Nord de l'entrée du bassin de désarmement projeté en 1785.

11 juillet 1820. — Reconstruction de $19^m,60$ de mur de quai à l'Ouest de l'écluse de chasse.

8 octobre 1823. — Construction d'une estacade barrant l'entrée du bassin de désarmement projeté.

10 août 1820. — Pavage de la rue Neuve.

13 mars 1827. — Reconstruction du quai Est sur 46 mètres au Sud de la tour d'Artillerie.

28 janvier 1831. — Construction de 45^m,60 de quai, en remplacement d'une estacade, au sud de l'épi Ouest.

9 septembre 1851. — Réparation du quai d'amont aux abords de l'écluse de chasse et fermeture de l'entrée réservée pour le bassin de désarmement.

30 juin 1852. — Reconstruction d'une partie du quai d'aval.

10 juin 1863. — Réparations du parement du quai d'aval et de la tour d'Artillerie.

13 novembre 1865. — Restauration d'une partie du mur du quai Est.

15 février 1866. — Réparation du quai Est aux abords de l'écluse de chasse.

12 octobre 1868. — Consolidation du quai du Havre.

29 novembre 1872. — Rempiétement du quai d'aval.

Les travaux autorisés par les décisions depuis juin 1863 jusqu'à octobre 1868 inclusivement ont été imputés sur la dotation ouverte par la loi du 3 juillet 1846.

Les dépenses peuvent s'établir comme il suit, et montent à la somme totale de 1,074,000 francs.

INDICATION DES TRAVAUX.	CÔTÉ OUEST ET FOND DE L'AVANT-PORT.	CÔTÉ EST.
Travaux antérieurs à 1785, évalués	200,000^f 00^c	185,000^f 00^c
Construction de 54^m,55 de quai à l'Ouest de l'écluse de chasse	216,620 04	"
Rescindements divers	29,500 00	24,710 85
Passerelle et défenses provisoires devant l'entrée du bassin de désarmement	"	11,203 44
Construction de 30 mètres de quai à l'entrée du bassin de désarmement	"	90,623 05
Rescindements au droit de ce quai	"	5,618 34
Reconstruction de 19^m,60 de quai à l'Ouest de l'écluse de chasse	35,726 52	"
Construction d'une estacade devant l'entrée du bassin de désarmement projeté	"	5,612 40
A reporter	481,846^f 56^c	322,768^f 08^c

INDICATION DES TRAVAUX.	CÔTÉ OUEST ET FOND DE L'AVANT-PORT.	CÔTÉ EST.
Report....................	481,846ᶠ 56ᶜ	322,768ᶠ 08ᶜ
Pavage de la rue Neuve.......................	″	6,681 72
Reconstruction du quai Est sur 46 mètres de longueur...	″	79,912 65
Rescindements au droit de cette partie de quai.........	″	21,752 15
Construction de 45ᵐ,60 de quai à l'Ouest............	13,357 23	″
Réparation du quai Est aux abords de l'écluse de chasse...	″	18,300 00
Réparation du parement du quai d'aval et de la tour d'Artillerie.................................	18,600 00	5,700 00
Restauration d'une partie du mur du quai Est.........	″	9,755 36
Réparation aux abords de l'écluse de chasse et suppression de l'entrée réservée pour le bassin de désarmement....	″	30,000 00
Consolidation du quai du Havre...................	43,500 00	″
Rempiétement du quai d'aval....................	22,000 00	″
TOTAUX PARTIELS des dépenses au 31 décembre 1872.	579,303 79	494,869 96
TOTAL GÉNÉRAL..............	1,074,173ᶠ 75ᶜ	

Il a été dit plus haut que, jusqu'au commencement du XVIIᵉ siècle, un chenal a été entretenu à travers le relais de galet, à la faveur du mouvement des eaux entrant dans la vallée par le jeu des marées, auquel s'est ajouté l'écoulement des eaux d'orages et, accidentellement, l'action d'une petite rivière.

L'écluse de chasse établie au XVIIᵉ siècle présentait deux pertuis de 5ᵐ,85 d'ouverture, dont chacun était traversé par un pont en charpente, et fermé par deux portes tournantes du même système que celles qui existent encore aujourd'hui. Le radier était établi à la cote 15ᵐ,47 de l'échelle du port.

Lorsque cet ouvrage fut reconstruit, suivant le programme adopté en 1785, on en conserva les dimensions générales, de manière à utiliser les anciennes portes; toutefois on abaissa le radier de 1ᵐ,33, et l'on recouvrit les deux pertuis de voûtes en pierres pour servir au passage de la route nationale nº 25. Les portes furent placées sous ces voûtes.

L'écluse proprement dite, construite de 1785 à 1787, ne fonctionna définitivement qu'en 1789; elle est entièrement en maçonnerie avec parement et radier en pierres de Ranville. Ce radier, formé de deux assises, repose sur un grillage avec plate-forme. L'arrière-radier et l'avant-radier sont en charpente. Sa construction présenta d'assez grandes difficultés, par suite de l'abondance des eaux de sources.

En 1794, on en perreya les abords, du côté de la retenue, sur 30 mètres de chaque côté. Les portes tournantes furent refaites en 1804. On profita de cette reconstruction pour en augmenter la hauteur, de manière à les élever au-dessus des plus hautes marées; on les fixa sur un pont de service en charpente établi en amont des voûtes.

Elles ont été remplacées de nouveau en 1837, puis en 1858, et viennent d'être l'objet de réparations importantes. Dans ces diverses reconstructions, on a conservé le système primitif, savoir : un tourillon de 0^{m},48 d'équarrissage, dont l'axe est placé aux $\frac{38}{100}$ de la longueur de la porte et sur lequel des traverses et des bracons reportent tout l'effort.

Dans les réparations récentes, quelques modifications de détail ont été faites à la tête de ce poteau tourillon, pour faciliter les manœuvres et permettre d'enlever et de remettre les portes sans démonter le pont de service.

Le revêtement de l'avant-radier a été complétement renouvelé en 1858; on le répare de nouveau en ce moment.

En 1866 et 1867, les affouillements ayant compromis l'avant-radier et les ouvrages voisins de l'écluse, il a été ajouté un faux-radier, formé d'un massif en béton de ciment de Portland, sur une largeur de 4^{m},50, maintenu en aval par une ligne de palplanches jointives; le revêtement en bois de ce faux-radier présente une inclinaison de $\frac{1}{5}$.

La retenue n'a qu'une faible capacité et s'envase rapidement, tant sous l'influence des apports de la mer que des quantités considérables de limon qu'y amènent les pluies d'orage ou les fontes rapides de neige.

Peu après la construction de l'écluse, un premier approfondissement fut exécuté par des ateliers composés d'ouvriers que le gouvernement avait envoyés de Paris; aussi entraînèrent-ils une dépense considérable.

Le plafond fut réglé horizontalement sur une longueur de $62^m,50$ en amont de l'écluse, pour remonter jusqu'au haut de la retenue avec une pente d'environ $\frac{1}{500}$; on profita de ce travail pour régulariser les contours de la retenue, en l'entourant d'un chemin de ronde, à travers lequel un passage fut ménagé sur la rive Ouest pour les eaux torrentielles provenant des orages et des fontes de neige; ce passage consistait dans un pont de 3 mètres d'ouverture, connu sous le nom de *pont des Ravines*.

On profita de ces travaux pour créer en tête de la retenue un réservoir destiné à la curer au moyen de chasses secondaires. Ce réservoir a été depuis transformé en un parc à huîtres, puis a finalement disparu par la création des parcs actuels.

De nouveaux curages partiels furent faits vers 1839, 1849 et 1860; ces deux derniers ont été principalement entrepris dans l'intérêt de la navigation, comme il sera indiqué plus loin.

Une dernière entreprise importante, et encore en cours d'exécution, a été commencée en 1868.

Elle comprend :

1° Le creusement général de la retenue, de manière à augmenter la quantité d'eau disponible pour les chasses;

2° Le creusement d'une souille plus profonde dans la partie aval, notamment sur le côté Ouest, dans l'intérêt de la navigation;

3° L'établissement de perrés pour défendre les rives, ou le rempiétement des perrés existants;

4° La reconstruction du pont des Ravines et diverses réparations aux ouvrages servant aux chasses.

Aux termes du projet, le plafond de la retenue présentera :

1° Une partie remontant, à partir du radier de l'écluse de chasse, de la cote 16^m,80 à la cote 15^m,85, sur une longueur de 390 mètres;

2° Une seconde partie, raccordée avec la première par un plan incliné de 20 mètres de longueur, et montant, sur une longueur de 175 mètres, de la cote 14^m,85 à la cote 14^m,65.

La première de ces parties présentera, au droit de l'estacade et des appontements Ouest, une souille dont la profondeur sera de 1 mètre et dont la largeur variera de 40 à 50 mètres.

Il reste encore à faire quelques dragages et à construire une grande partie des perrés.

Afin de compléter l'ensemble de ces travaux, l'administration a autorisé la construction de trois guideaux pour développer l'action des chasses dans le chenal et à l'extrémité des jetées.

Ces guideaux ont 8 mètres de long sur 4^m,25 de large; ils sont formés de cinq longrines, dont une en dessus du bordé, reliées par huit paires de moises.

Les longrines ont 25 × 28 d'équarrissage, les moises supérieures 20 × 20, et les moises inférieures 20 × 25; le bordé a 0^m,06 d'épaisseur. Les moises inférieures, devant porter sur le fond dur du chenal, sont armées de sabots; il en est de même des pieux, qui sont au nombre de quatre, et ont 30 × 30 d'équarrissage. Ces pieux sont tenus à la hauteur voulue par des chevilles. Les charpentes ont été exécutées en sapin du Nord. Les équarrissages sont un peu faibles, eu égard à la fatigue qu'éprouvent les guideaux, surtout lorsqu'on les emploie vers l'entrée du chenal.

Ces divers travaux ont augmenté sensiblement la puissance des chasses.

En 1785, la superficie couverte par les grandes marées n'était que de 50,000 mètres carrés, et ne présentait qu'une faible profondeur. Aujourd'hui, malgré le rétrécissement fâcheux dû à la création des parcs aux huîtres, qui absorbent plus de 7,000 mètres carrés, la surface utilisable atteint 52,000 mètres carrés, avec une profondeur d'eau minima de 1^m,50 dans de petites vives eaux.

Cet accroissement de la puissance des chasses et l'emploi de guideaux ont sensiblement amélioré la situation de Saint-Valery; à moins d'avaries aux ouvrages, on arrive d'une manière normale à dégager une passe de 20 mètres de large le long de la jetée Est et à entretenir assez régulièrement, à travers les pouliers du large, un chenal dont la profondeur est en relation avec celle du port.

Des travaux ont été exécutés, à diverses époques, dans le chenal et l'avant-port, en vue d'en augmenter la profondeur en aidant à l'action lente des chasses; on en trouvera l'indication plus loin.

La première écluse de chasse a été exécutée au xviie siècle. Les projets relatifs aux travaux ultérieurs ont été approuvés aux époques suivantes :

1785. — Reconstruction de l'écluse de chasse.

1791. — Approfondissement de la retenue.

1792. — Construction de perrés en amont de l'écluse.

19 avril 1826. — Réparation de l'avant-radier.

1804 et 31 décembre 1836. — Reconstruction des portes tournantes.

10 juin 1839, 22 février 1849 et 19 décembre 1860. — Déblayements dans la retenue.

8 mars 1858. — Reconstruction des portes tournantes et du tablier de l'avant-radier.

15 février 1866. — Construction d'un faux-radier en aval de l'avant-radier.

24 décembre 1866 et 13 septembre 1869. — Approfondissement de la retenue et construction de perrés pour en défendre les berges.

24 avril 1867. — Construction de trois guideaux.

Les travaux exécutés depuis 1849 ont été imputés sur la dotation de la loi du 3 juillet 1846.

Les dépenses entraînées par la construction et les grosses réparations des ouvrages s'élèvent, en totalité, à la somme de 1,541,500 fr., dont voici les éléments :

INDICATION DES TRAVAUX.	OUVRAGES D'ART.	TRAVAUX DE CURAGE ET D'APPROFONDISSEMENT.
Écluses de chasse............................. Perrés en amont de l'écluse......................	800,000ᶠ 00ᶜ	‖
Premier approfondissement......................	‖	400,000ᶠ 00ᶜ
Reconstruction des portes tournantes...............	12,000 00	‖
Nouvelle reconstruction des mêmes portes...........	9,817 58	‖
Réparation de l'avant-radier.....................	6,561 23	‖
Déblayement dans la retenue....................	‖	55,000 00
Déblayement dans la retenue....................	‖	15,000 00
Reconstruction des portes tournantes et du tablier de l'avant-radier...............................	36,000 00	‖
Déblayement dans la retenue....................	‖	27,530 96
Construction d'un faux-radier...................	35,000 00	‖
Approfondissement de la retenue et construction de perrés. (Dépensé au 31 décembre 1872.)..............	‖	138,202 25
Construction de trois guideaux..................	6,336 96	‖
Totaux partiels..............	905,715 77	635,733 21
Total général au 31 décembre 1872.......	1,541,448ᶠ 98ᶜ	

L'achèvement des travaux d'approfondissement et de constructions de perrés entraînera une dépense de 77,550 francs.

Les déblais faits dans cette entreprise et dans les deux autres entreprises analogues qui l'ont précédée ont eu, en grande partie, pour but de faciliter l'entrée des navires dans la retenue.

L'étroitesse et le peu de sécurité de l'avant-port ont rendu depuis longtemps nécessaire l'agrandissement de l'espace consacré à la navigation.

La commission de 1785 s'était arrêtée à l'idée de créer un bassin d'échouage pour renfermer les bateaux désarmés sur l'emplacement actuellement occupé par la place de l'Hôtel-de-Ville, dans un bras de la retenue, qui devait se trouver isolé par suite de la construction de la route nationale n° 25. L'entrée eût été immédiatement en aval de la nouvelle écluse de chasse. Une rue devait relier le côté Ouest de ce bassin au quai d'amont.

Ce projet fut vivement combattu, par suite de la gêne qu'il devait apporter au développement de la ville; on lui opposait un plan beaucoup plus rationnel, consistant à agrandir simplement l'avantport à l'Est de l'écluse de chasse, se réservant, pour l'avenir, d'établir une communication avec la retenue par une écluse de navigation.

Les travaux faits au quai Est ont été dirigés, pendant de nombreuses années, en vue de l'exécution ultérieure de ce programme; néanmoins, dès 1793, on avait comblé l'emplacement de ce bassin avec les déblais provenant du creusement de la retenue, et, lorsqu'il s'agit d'agrandir définitivement l'espace occupé par la navigation, on décida de construire une écluse établissant une communication entre l'avant-port et la retenue, à l'Ouest de l'écluse de chasse.

L'avant-projet présenté en 1834 comprenait, outre la construction de cette écluse, celle de 100 mètres d'estacade et le creusement d'une souille pour les navires.

Les travaux, commencés en 1836, après allocation de subventions par la ville et le département, ne furent totalement terminés qu'au bout de huit années.

L'écluse a une largeur, en tête, de $9^m,25$; les bajoyers présentent une partie verticale de $1^m,70$, puis un fruit qui réduit la largeur à $8^m,40$, à la naissance de la courbe du radier.

Le radier est à la cote $17^m,80$, soit $7^m,80$ au-dessous du couronnement des bajoyers; il a une flèche de $1^m,25$, et est plat dans la partie centrale sur 4 mètres de large. Il est formé de libages de Ranville, reposant sur une plate-forme en madriers, clouée sur des traversines, lesquelles sont fixées sur des pieux. Une couche de béton a été coulée sous le bordé de la plate-forme.

Les fondations sont entourées d'une enceinte continue de palplanches jointives avec deux lignes transversales, l'une un peu en arrière des portes, l'autre près de la tête aval.

Ce sont les grandes quantités d'eau rencontrées dans les fouilles qui ont conduit à ce surcroît de précautions. Les travaux ont donné lieu à des épuisements très-importants.

Le radier est défendu à l'aval contre les affouillements par un faux-radier en charpente, appuyé en avant sur une ligne de palplanches jointives.

Les portes sont en chêne, formées de six entretoises de 30×30 d'équarrissage et dont l'espacement d'axe en axe varie de $0^m,75$ à $1^m,09$; le bordé a $0^m,10$ d'épaisseur ; les poteaux tourillons et busqués ont 40×40 d'équarrissage.

L'ensemble des charpentes est consolidé par un bracon qui s'interrompt à chaque entretoise et une écharpe fixée à la tête des portes, un peu au-dessous du collier.

Les crapaudines femelles sont en dessous.

Les portes sont pleines ; la flèche de leur busc est égale au sixième de leur ouverture.

Des vannes, ayant un débouché total de $1^{mq},50$, permettent de chasser par les portes.

Le pont est tournant et en charpente, à deux volées ; il est composé, suivant le type adopté dans de nombreux ports, de longerons reliés par des traverses, soulagés, lors des manœuvres ou lorsque le pont est fermé, par un système de tirants en fer et des béquilles mobiles appuyées contre les bajoyers.

L'estacade construite en amont de l'écluse est en chêne, sauf les pieux et les moises inférieures, qui sont en hêtre ; son couronnement étant à la cote 11 mètres, les fermes ont $6^m,75$ de hauteur ; le quai est concave, et présente trois pans coupés, dans lesquels la largeur varie de 20 à 23 mètres. Ce quai sert au passage de la route nationale n° 25 ; sa largeur est un peu faible.

Les dépenses relatives à ces divers ouvrages sont données au tableau récapitulatif.

Là loi de 1846 avait prévu le prolongement de cette estacade sur 100 mètres. On s'est borné, en 1868, à établir quatre appontements; trois autres appontements ont été établis du côté Est en 1869.

Les dimensions de ces ouvrages varient un peu suivant les dispositions des terre-pleins: ceux de l'Est, qui sont les plus élevés, sont distants de 40 mètres d'axe à axe; leur longueur est de 9 mètres, et leur largeur, de $4^m,35$. Les trois longerons qui supportent le tablier sont soutenus à leur extrémité, vers le large et en leur milieu, par deux fermes composées chacune de deux montants verticaux fixés sur pieux, moisés en tête et au pied et reliés par une croix de Saint-André.

Les poteaux de la ferme du large, ayant à soutenir le poids des navires, sont revêtus d'épaisses fourrures et appuyés en tête par deux contre-fiches, butant au pied de la ferme intermédiaire et reliées par une croix de Saint-André; ils sont également soutenus en leur milieu par des contre-fiches horizontales, butant au même point.

Les charpentes sont en sapin de 25×25 d'équarrissage, sauf les longerons, dont les dimensions sont 25×30.

Ces sept appontements ont coûté en moyenne 1,900 francs l'un, y compris les travaux accessoires; ils répondent bien au but proposé pour des navires de petite dimension.

Une grue de 10 tonnes, appartenant aux commerçants, vient d'être installée à l'extrémité Sud de l'estacade.

Ces divers travaux ont été exécutés en vertu des décisions suivantes :

24 mars 1836. — Construction de l'écluse de navigation et de l'estacade.
18 juillet 1868. — Construction de quatre appontements sur la rive Ouest.
13 septembre 1869. — Construction de trois appontements sur la rive Est.

Ces deux derniers travaux sont imputés sur la loi du 3 juillet 1846.

Les dépenses faites jusqu'à ce jour s'élèvent à la somme de 777,500 francs, dont voici le détail :

INDICATION DES TRAVAUX.	ÉCLUSE ET ACCESSOIRES.	QUAIS ET APPONTEMENTS.
Écluse et déblai d'une souillé............	652,796ᶠ 86ᶜ	″
Indemnités diverses.................	13,702 50	″
Pont tournant...................	18,262 35	″
Portes d'ebbe...................	16,341 98	″
Estacade.....................	″	63,146ᶠ 09ᶜ
Appontements à l'Ouest..............	″	6,500 00
Appontements à l'Est...............	″	6,800 00
Totaux partiels............	701,103 69	76,446 09
Total des dépenses au 31 décembre 1872...	777,549ᶠ 78ᶜ	

Il est bon de rappeler que les travaux de dragages, faits à diverses reprises devant les quais et les appontements, figurent dans l'évaluation des travaux d'approfondissement de la retenue donnée précédemment.

La petite grève conservée entre l'origine de la jetée Est et la tour d'Artillerie a été utilisée, depuis les temps les plus anciens, comme cale de radoub pour le carénage des navires.

En 1831, les vieilles estacades qui défendaient les berges au Nord et au Sud furent reconstruites. Ce revêtement a été complété sur la face Est en 1859, lorsque, à la suite des travaux de creusement de l'avant-port, on abaissa le niveau de la cale de 1ᵐ,60 environ. Dans ce travail, on régla la pente en long à raison de 0ᵐ,12 par mètre, en remontant, sur une longueur totale d'environ 35 mètres, de la cote 18ᵐ,30 à la cote 13ᵐ,90.

Cet abaissement a été une amélioration sensible, en procurant une augmentation de tirant d'eau.

La cale de radoub, étroite et exposée à la houle, ne peut servir que pour de petits navires.

Il a été question, à diverses reprises, d'établir dans le port un gril de carénage. La loi du 3 juillet 1846 avait prévu la construction d'un ouvrage de cette nature le long du quai du Havre, immédiatement en aval de l'écluse de navigation.

Depuis, le commerce a demandé à être autorisé à en établir un sur la rive Est de la retenue. Ce projet est, comme le premier, resté sans suite.

Nous n'avons à mentionner que la décision du mois de décembre 1830, approuvant le projet de reconstruction des estacades de la cale de radoub, et la décision du 22 février 1858, autorisant l'abaissement de cette cale.

Les dépenses faites pour l'établissement de ces ouvrages se sont élevées à 37,000 francs.

En voici le détail :

INDICATION DES TRAVAUX.	TERRASSEMENTS.	OUVRAGES D'ART.
Estacades Nord et Sud..........................	"	31,000^f 00^c
Abaissement du niveau de la cale et modifications aux estacades.................................	3,400^f 00^c	2,600 00
TOTAUX PARTIELS...............	3,400 00	33,600 00
TOTAL des dépenses au 31 décembre 1872...	37,000^f 00^c	

Divers travaux de déblayement ont été exécutés, à diverses reprises, dans l'avant-port. La seule entreprise importante a été poursuivie en 1858 et 1859, en vertu de la loi du 3 juillet 1846.

Ils ont eu pour conséquence l'exécution de rempiétements au pied des murs de quai; ces rempiétements ont consisté dans l'application d'un simple masque en maçonnerie sur la marne qui sert de fondation à ces ouvrages.

Depuis, on s'est occupé, à diverses reprises, de casser le dessus du banc marneux qui forme le fond du chenal, pour permettre aux chasses de l'attaquer dans ses parties hautes, en face du brise-lames Ouest.

Un creusement peu important a été autorisé en 1834, à l'entrée du port, pour occuper des ouvriers nécessiteux.

Depuis, l'administration a imputé sur la dotation de la loi du 3 juillet d'autres travaux de creusement de l'avant-port et du chenal, en vertu des décisions prises en 1846 et le 22 février 1858.

Ces travaux ont occasionné une dépense de 96,500 francs, conformément aux détails ci-dessous :

INDICATION DES TRAVAUX.	CHENAL.	AVANT-PORT.
Creusement à l'entrée................................	2,797^f 85^c	//
Creusement dans le chenal........................	8,723 37	//
Approfondissement de l'avant-port................	//	85,000^f 00^c
Totaux partiels..............	11,521 22	85,000 00
Total des dépenses au 31 décembre 1872...	96,521^f 22^c	

En résumé, les dépenses relatives aux ouvrages existants dans le port de Saint-Valery, non compris les frais d'entretien proprement dits, s'élèvent, au 31 décembre 1872, à la somme de 6 millions de francs environ, ainsi répartis :

Jetées....................................	2,212,000 fr.
Travaux de défense de la plage..............	199,500
Quais de l'avant-port......................	1,074,000
Ouvrages pour les chasses..................	1,541,500
Écluse de navigation et ouvrages qui en dépendent.	777,500
Cale de radoub............................	37,000
Approfondissement du chenal et de l'avant-port..	96,500
Total....................	5,938,000 fr.

Le crédit d'entretien est annuellement de 12,000 francs environ.

CHAPITRE IV.

COMMERCE.

Le tonnage total de jauge du port de Saint-Valery, non compris les mouvements de la pêche côtière, s'est élevé, en 1869, à 36,334 tonneaux, répartis ainsi qu'il suit :

DÉSIGNATION DES NAVIRES.	NOMBRE DE NAVIRES.			TONNAGE DE JAUGE.			TONNAGE MOYEN.
	ENTRÉE.	SORTIE.	TOTAL.	ENTRÉE.	SORTIE.	TOTAL.	
Navires à voiles....	314	274	588	19,323ᵗ	17,011ᵗ	36,334ᵗ	61,8
Navires à vapeur...	//	//	//	//	//	//	//
Totaux.....	314	274	588	19,323	17,011	36,334	61,8

Le nombre des navires entrés en relâche en 1869 est de quarante-deux, jaugeant 1,963 tonneaux.

Le port a expédié en 1869, pour la pêche de la morue, huit navires à Terre-Neuve et cinq en Islande, jaugeant ensemble 1,677 tonneaux et montés par 265 hommes.

Les produits de la pêche côtière, comprenant le maquereau et le hareng salés, se sont élevés la même année à 1,371 tonnes et ont été évalués à 392,000 francs.

Les armements ont été de vingt et un bateaux, jaugeant 1,046 tonneaux et montés par 386 hommes.

Le commerce de Saint-Valery consiste en importations de charbons et de bois du Nord pour les besoins de la région environnante, et de grains pour l'alimentation des moulins de Veules.

On exporte, sous forme de lest, du galet noir pour la fabrication de la porcelaine, et de la marne pour les usines anglaises.

Le mouvement des importations et des exportations est à peu près stationnaire. Il s'élève à environ 8,700 tonnes par an.

Les voies principales qui desservent Saint-Valery sont : la route nationale n° 25, qui assure ses communications vers Fécamp et Dieppe, et la route départementale n° 3, qui met la ville en relation avec la station de Motteville, sur la ligne de Paris au Havre.

La circulation sur ces voies est principalement alimentée par les régions avoisinantes.

Les comptages effectués en 1869 ont donné les résultats suivants :

DÉSIGNATION DES ROUTES.	VOITURES					TOTAL des VOITURES chargées.	TOTAL GÉNÉRAL.
	D'AGRI-CULTURE.	DE ROULAGE.	D'ENTRE-PRISES régulières pour voyageurs.	PARTICU-LIÈRES.	VIDES.		
Route nationale n° 25........	17ᶜ	91ᶜ	9ᶜ	51ᶜ	64ᶜ	168ᶜ	232ᶜ
Route départementale n° 3...	17	72	26	39	14	154	168

BIBLIOGRAPHIE.

Peu d'ouvrages traitent du port de Saint-Valery; le plus important est l'ouvrage de A. Guilméth, intitulé *Notice historique sur quelques localités de l'arrondissement d'Yvetot.*

Les documents conservés dans les archives du service des ponts et chaussées remontent à 1785.

SUPERFICIE UTILE DES TERRE-PLEINS DES QUAIS

De l'avant-port ou port d'échouage.. 5,500^{mq}
Du bassin à flot.. 5,200

BASSIN DES CHASSES.

Superficie, (y compris celle de 2^h,50 affectée à la navigation)........
Contenance en pleine mer de vive eau ordinaire................ 190,000

Dépenses totales de premier établissement au 1er janvier 1873...... 5,940,000

www.ingramcontent.com/pod-product-compliance
Ingram Content Group UK Ltd.
Pitfield, Milton Keynes, MK11 3LW, UK
UKHW031757170726
13836UKWH00003B/1014